4-5歲

幼兒全方位智能開發

常識篇

安全常識

園丁文化

注意煮食安全

 下面的小朋友做得對嗎？做得對的，請把 ☺ 填上綠色；做得不對的，請把 ☹ 填上紅色。

1.

2.

3.

4.

妥善處理廚房物品

● 如果遇到下面的情境，你會請成人怎樣處理，以防止意外發生？請用線把左方做得不對的圖畫，連至右方做得對的圖畫。

1.

A.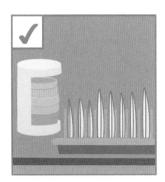

2.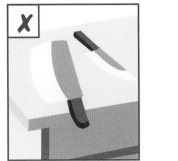

B.

3.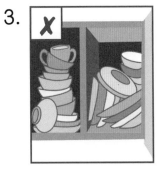

C.

4.

D.

答案：1.D 2.B 3.A 4.C

3

危險的家居物件

● 地上哪 5 件物件可能對小朋友構成危險？請圈出來。

答案：

預防燙傷

哪些物品可能構成燙傷危險？請把它們填上紅色，並緊記不要隨便觸碰它們。

A.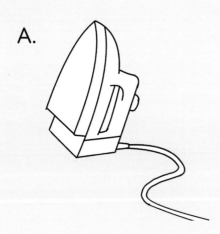

B.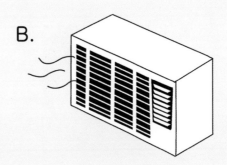

C.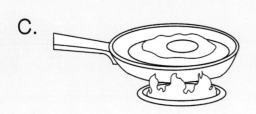

D.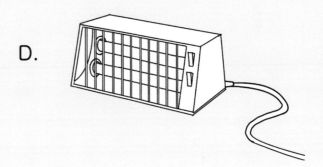

E.

F.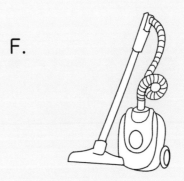

小提示　試想一想，哪些物件能夠發出熱力？

答案：A、C、D、E

5

小心觸電意外

● 怎樣才能避免觸電意外？請用線把左方做得不對的圖畫，連至右方做得對的圖畫。

1.

A.
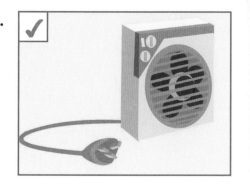

2.

B.

3.

C.

小朋友，你還知道其他避免觸電意外的方法嗎？試說一說。

答案：1. B 2. C 3. A

常見的意外

● 粗心大意的男孩經常受傷。你能從男孩的傷口猜到他受傷的原因嗎？
　請用線把傷口與正確的受傷原因連起來。

A.  B.

C.  D.

答案：1.D 2.A 3.B 4.C

不要誤服化學物品和藥物

● 為免小朋友誤服化學物品和藥物，我們應該把它們放在哪兒？請用線把化學物品和藥物連到安全的地方存放。

1.

2.

3.

A.

B.
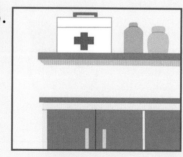

C.

答案：1.B 2.A 3.C

安全的選擇

● 如果遇到以下的情況，我們應該怎樣做才能避免意外發生？請圈出做得對的方法。

1.

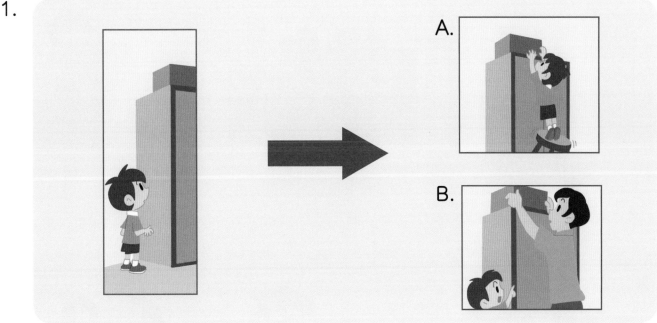

A.

B.

2.

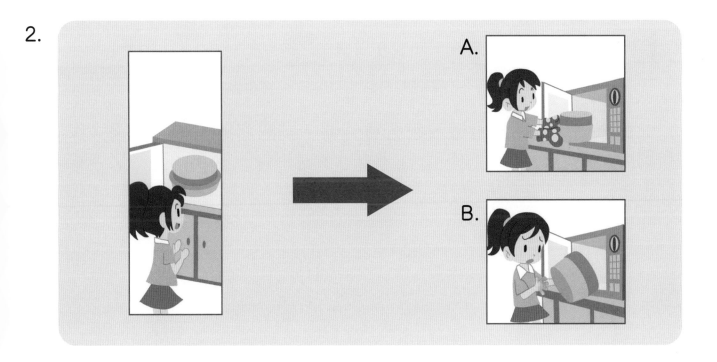

A.

B.

答案：1. B　2. A

嚴重的家居意外

● 一時疏忽可能會釀成嚴重的家居意外。以下的情況可能會導致什麼家居意外？請在 □ 內填寫代表正確答案的英文字母。

1.

2.

3.

A.

B.

C.

● 你還想到什麼情況會導致家居意外嗎？試把它畫出來，並跟大家說一說。

預防意外發生

● 請找出預防 P.10 家居意外的方法，並在 ☐ 內填寫代表正確答案的英文字母。

1.

2.

3.

A.

B.

C.

● 你在 P.10 畫了什麼家居意外？試為它想一個預防方法，並畫出來。

答案：1. B 2. C 3. A

11

小心浴室濕滑

● 請把以下圖畫串連成故事，並按故事的先後次序，在 ☐ 內填寫數字 1 至 4，然後向爸爸媽媽說故事。

A.

B.

C.

D.

答案：A.4 B.1 C.2 D.3

緊急求助電話號碼

● 發生緊急事故時，我們可以撥打什麼緊急求助電話號碼？請在正確的
　□內加 ✔。

| □ 000 | □ 123 | □ 119 | □ 666 | □ 999 |

666：案答考參　119：案答考參

走火警要注意的地方

● 走火警的時候要注意什麼？請圈出正確的圖畫。

A.
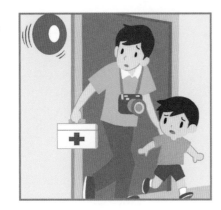

B.

C.

D.

E.

F.

小朋友，發生火警時，我們應該表現慌張，還是保持冷靜？

答案：B、C、D

14

火警演習

● 學校進行火警演習，請按照指示畫出正確的路線，把 A 班和 B 班的同學帶到正確的集合地點。

小心上落樓梯

上下樓梯時要小心。下面的小朋友做得對嗎？做得對的，請把 ☺ 填上綠色；做得不對的，請把 ☹ 填上紅色。

1.

2.

3.

4.

遊樂場上的安全規則

在學校遊樂場上要遵守安全規則。圖中哪 3 個行為可能會釀成意外？
請圈出來。

答案：

進食時要注意的地方

● 在學校吃茶點時，有什麼需要注意？請比較以下各項，圈出做得正確的圖畫。

1.

分量

 A. 適當分量

 B. 分量過多

2.

速度

 A. 快快吞下

 B. 仔細咀嚼

3.

專心

 A. 邊吃邊說

 B. 專心進食

4.

姿勢

 A. 安靜坐下

 B. 四處跑動

答案：1.A 2.B 3.B 4.A

不要吃過期食物

做得好！ 不錯啊！ 仍需加油！

● 哪些是新鮮的食物？請用線把它們連至小朋友的嘴巴裏。

A.

B.

C.

D.

E.

F.

G.

H.
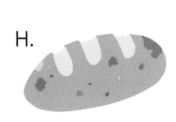

答案：A、D、G

19

認識過馬路設施

● 你知道以下過馬路設施的名稱嗎？請用線把圖畫和正確的名稱連起來。

1.

● 斑馬線

2.

● 行人交通燈

3.

● 行人天橋

4.

● 行人隧道

答案：1. 行人交通燈　2. 行人天橋　3. 行人隧道　4. 斑馬線

遵守交通燈號

● 請觀察以下各圖的交通燈號，哪些行人的行為是正確的？請在正確行為的 □ 內加 ✔，在不正確行為的 □ 內加 ✘。

1.

2.

紅燈亮起時，我們應怎樣做？綠燈亮起時，我們又應怎樣做？試說一說。

答案：1. ✔、2. ✔、3. ✘

21

注意道路安全

● 圖中哪些行為可能會釀成交通意外？請圈出 4 個做得不對的行為。

小知識

即使綠色交通燈號亮起，我們也只能在行人過路處（髹上黃色條紋的路面）上行走。

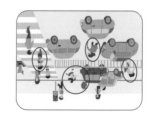

答案：

22

乘坐交通工具的安全和禮貌守則

● 乘搭交通工具時，我們要遵守安全和禮貌守則。以下的乘客做得對嗎？
做得對的，請把 ☺ 填上綠色；做得不對的，請把 ☹ 填上紅色。

1.

2.

3.

4.

答案：1. ☺ 2. ☹ 3. ☹ 4. ☺

緊扣安全帶

乘車時要緊記佩戴安全帶。請在 ☐ 內填上沒有佩戴安全帶的人物數量，並替這些人畫上安全帶。

1.

☐

2.

☐

小朋友，你知道嗎？佩戴安全帶很重要，它可以：

1) 預防交通意外時被拋出車外
2) 預防與車內其他人或物件發生碰撞

遵守校車規則

● 以下每幅圖畫中，哪個學生在校車上不守規則？請圈出來。

1.

2.
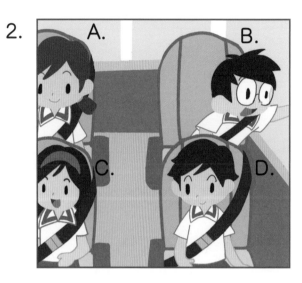

3.

4.
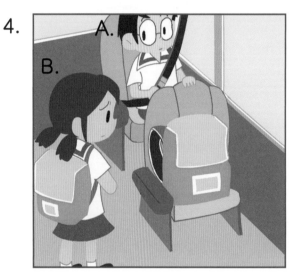

小朋友，如果我們在校車上不守規則，其他同學會有什麼感受？

答案：1.C　2.B　3.A　4.A

25

安全過馬路

今天老師帶同學們出外參觀。請根據指示繪畫路線，把老師和同學安全地送到目的地。

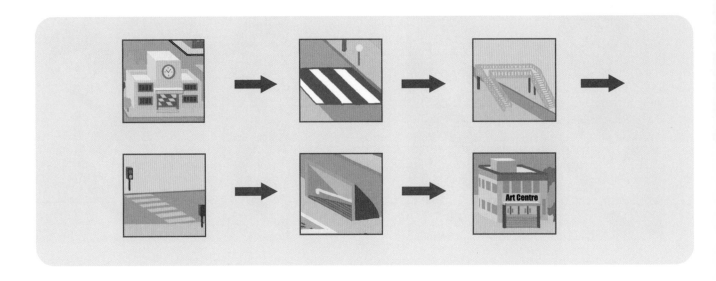

：案答

在購物商場要注意的地方

以下的行為會構成什麼危險？請用線把相關的圖畫連起來。

1.

A.

2.

B.

3.

C.

小朋友，我們在購物商場內，應該怎樣避免發生意外？試說一說。

答案：1. B 2. C 3. A

注意自己的行為

● 請看看以下 3 幅圖畫，把它們串連成故事，然後向爸爸媽媽說故事。

1.  2.  3.

● 你認為下面哪一個是故事的結局？請在正確的 ☐ 內填寫「4」。

A.

☐

B.

☐

小朋友，你從
這個故事明白
了什麼道理？

答案：A

28

扶手電梯安全

● 使用扶手電梯時要格外小心。以下兩幅圖畫中，哪些小朋友的行為是危險的？請在 ☐ 內填寫代表答案的英文字母。

1.

2.

 、 　　　 、

這些小朋友的危險行為，會帶來什麼後果？試說一說。

答案：1. A、C　2. A、B

29

提防陌生人

● 面對陌生人時，我們應小心謹慎，千萬不要跟隨陌生人離開。以下的小朋友做得對嗎？做得對的，請把 ☺ 填上綠色；做得不對的，請把 ☹ 填上紅色。

1.

2.

3.

4.

可以求助的人

● 跟家人失散時，我們要保持鎮定，並可以向以下人員求助。請替小朋友畫出找到這些人員的正確路線。

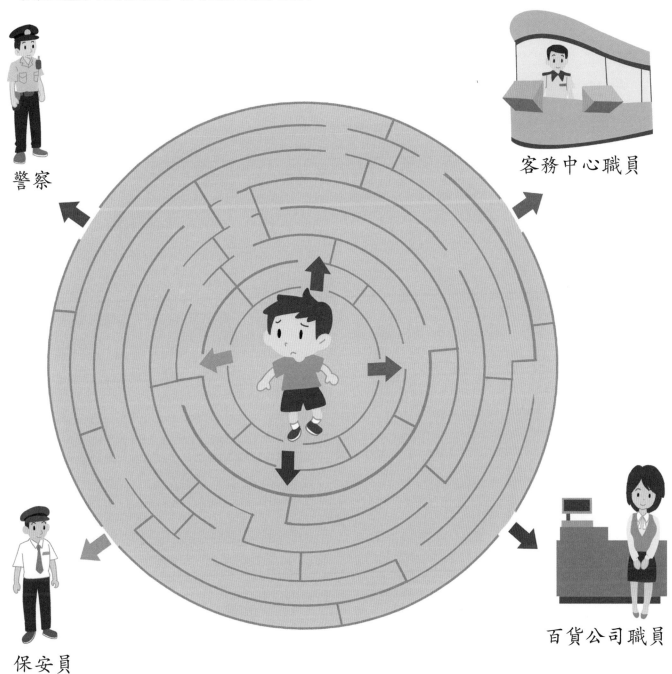

警察

客務中心職員

保安員

百貨公司職員

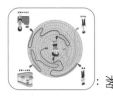

答案：

不見了家人怎麼辦

● 小朋友發現家人不見了，他們應該怎樣做？ 請圈出正確的答案。

1. 我（應該 / 不應該）留在
   原地等候家人來找我。

2. 我（可以 / 不可以）接
   受陌生人的食物或飲料。

3. 我（要 / 不要）時常緊
   記父母的電話號碼。

4. 我（可以 / 不可以）跟
   陌生人離開。

5. 我（可以 / 不可以）向
   警察或保安員求助。

答案：1. 應該 2. 不可以 3. 要 4. 不可以 5. 可以